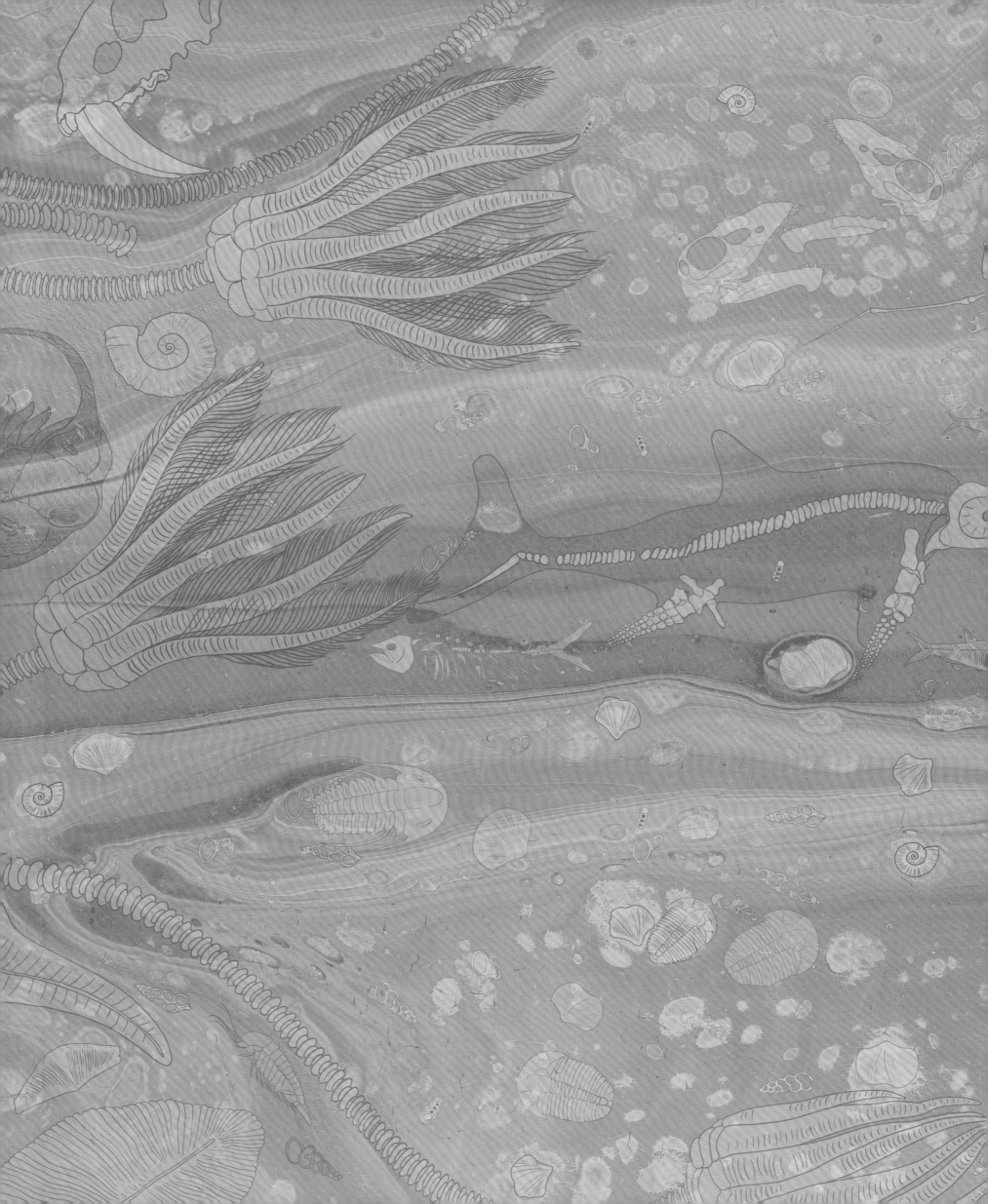

生命的历程

[波]卡塔日娜·巴耶罗维奇 著绘

刘倩茜 译

中国轻工业出版社

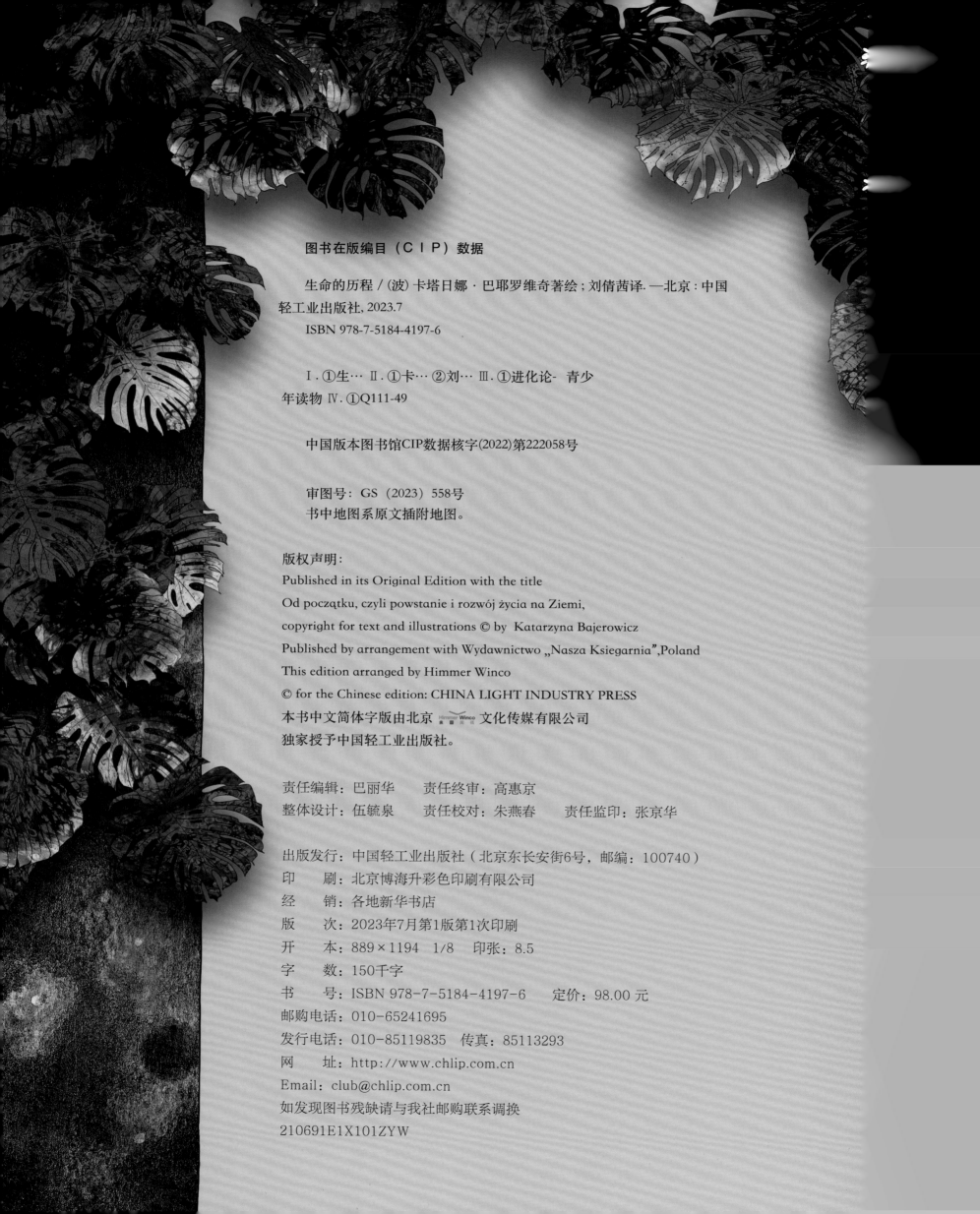

图书在版编目（CIP）数据

生命的历程 / (波)卡塔日娜·巴耶罗维奇著绘；刘倩茜译. —北京：中国
轻工业出版社, 2023.7
　　ISBN 978-7-5184-4197-6

　　Ⅰ.①生… Ⅱ.①卡… ②刘… Ⅲ.①进化论- 青少
年读物 Ⅳ.①Q111-49

中国版本图书馆CIP数据核字(2022)第222058号

审图号：GS（2023）558号
书中地图系原文插附地图。

责任编辑：巴丽华　　责任终审：高惠京
整体设计：伍毓泉　　责任校对：朱燕春　　责任监印：张京华

出版发行：中国轻工业出版社（北京东长安街6号，邮编：100740）
印　　刷：北京博海升彩色印刷有限公司
经　　销：各地新华书店
版　　次：2023年7月第1版第1次印刷
开　　本：889×1194　1/8　印张：8.5
字　　数：150千字
书　　号：ISBN 978-7-5184-4197-6　　定价：98.00元
邮购电话：010-65241695
发行电话：010-85119835　传真：85113293
网　　址：http://www.chlip.com.cn
Email：club@chlip.com.cn
如发现图书残缺请与我社邮购联系调换
210691E1X101ZYW

目录

生命是如何产生的……………………………5

故事从这里开始……………………………6

宇宙大爆炸……………………………9

太阳系大家庭……………………………10

暴躁的地球……………………………12

第一个生命……………………………15

谁把地球变蓝了……………………………16

第一批地球"居民"……………………………19

新的大陆 新的海洋……………………………20

远古生物之谜……………………………23

生命大爆发……………………………24

寻找大陆的起源……………………………26

热闹的海洋……………………………29

第一次生物大灭绝……………………………30

从海洋到陆地……………………………32

泥盆纪的大怪兽……………………………34

充满生机的土地……………………………37

煤从何处来……………………………38

第三次生物大灭绝……………………………41

大陆在迁移……………………………42

恐龙出现了……………………………45

欢迎来到侏罗纪……………………………46

恐龙时代的海洋……………………………49

陆地分家了……………………………51

恐龙王朝的兴衰……………………………52

全新的世界……………………………55

哺乳动物的时代……………………………56

冰河世纪来了……………………………59

超级肉食动物……………………………61

生命是如何产生的

生命从哪里而来？人类从哪里来？我们人类是第一个物种吗？

如果不是，在我们来到地球之前，有哪些物种存在过？生命的起源是什么？

从创世之初，人类就开始有此疑问，并竭尽所能地寻求答案。从古至今，人们想尽办法去探索人类的起源，因为它迷人而神秘。在科学认知水平不足以解释这个问题的时期，古人尝试用想象力去解决。他们创作传说、神话，试图通过这些去解释"生命的起源"这个神秘而难以理解的问题。

中国有一个盘古开天的传说，其中有这样一句话，"天地之初，形如鸡卵"。意思是天地最初像一颗巨大的蛋，混沌充斥其中。蛋的正中沉睡着一条弯曲的龙（一说为巨人），这就是盘古。他不停地生长，长了18000千年。后来，他感觉在蛋里太紧了，于是破壳而出，继续生长，从混沌中分出了天地。黑暗和沉浊的化为大地，逐渐下沉；光明和轻盈的化作空气，慢慢上升。盘古稳稳地站在大地上，他的头在云端，顶起天空，继续生长，直至他累了，才倒地而亡。他的骨化为玉石和金子；他的身体变成了肥沃的土壤；他的血液变成了河流，灌溉着大地；他的毛发变成草木；四肢指明了世界的方位：东南西北。盘古并没有闭上他的眼睛，它们化为太阳和月亮，一直闪耀至今。

古希腊也有一个传说，创世之初，只有混沌。无人能为混沌命名，因混沌是一切的开始。直至有一天，分出了天地，大地被称为盖亚，天空就是她的同伴乌拉诺斯。他们二人结合，生出了泰坦和众神，然后创造出世界：起伏不平的高山，奔腾的河流，把树梢吹得沙沙作响的风，湖泊里的鱼儿，天空中的飞鸟，以及隐藏在草丛中的动物……

古代还有人认为，世界的创造者是一只睿智的乌鸦，这乌鸦在无尽的虚空中徘徊，它说出的话有了形状并留存下来。也有可能根本不是这样，也许世界是由一只小鸟或者其他动物创造的。

各种各样的有关生命起源的故事会令人眼花缭乱。因为每个部落、每个民族都有不同的故事，那些故事的内容取决于他们住在哪里，有什么信仰，以及他们的周围有什么亲近和熟悉的东西。这些故事都充满了想象，且每个故事中都蕴含着一丝哲理。那么真相究竟是怎样的呢？

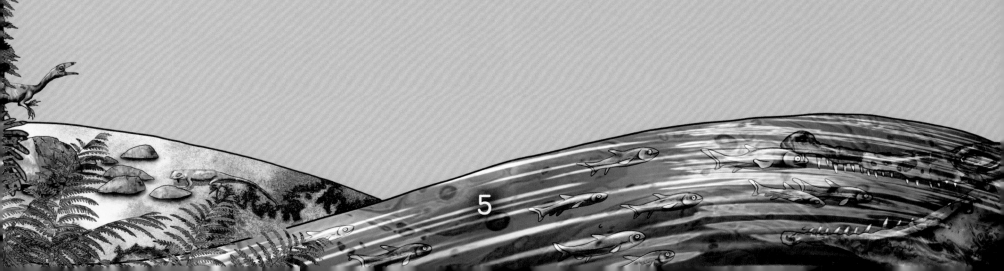

故事从这里开始

我们想象一下：有一个巨大的、无边无际的空间，它安静而漆黑。空间中满是闪烁的星星、闪闪发光的宇宙尘埃、不间断缓慢运行的行星、以及我们从未到达过的星系。整个宇宙依旧神秘且未被探索，而我们只是其中微小的一部分。

如果我们有一天站在黑暗中凝视星星，或许能看到一片美丽而明亮的星河跨在夜空中。**这就是银河**—— 我们生活的星系。我们所在的地球也在银河系中，这里是生命的起源地，也是我们故事的开端。

探索生命的起源，首先是地球的溯源。

地球
是如何诞生的？

宇宙大爆炸

最先诞生的是宇宙。 宇宙是从哪里来的？它是从一个十分致密的小点开始，小点内部的物质（也就是它的组成部分）膨胀并爆炸，它所包含的一切四处飞溅。我们称之为大爆炸宇宙论，这一理论今天被认为是最合理的。但并非所有学者都认同这一观点，有些学者提出了不同的假设。例如，宇宙不是一次创造的，而是一次又一次地崩塌和爆炸而产生的。

我们想完全知道真相，那还要经过很长时间的探索。事实到底是什么，目前科学家猜测宇宙已经有大约140亿年的历史了（如果你把这个数字写下来，它会是：14000000000，数字后面会有长长的一串"0"），并且它还在越变越大。一些星系、恒星和行星会消亡，取而代之的会是新的星团。

我们生活的**太阳系要年轻得多。** 科学家们认为它大约是从50亿年前的尘埃云中诞生的，我们对此起源十分确定。一团密集的尘埃（可能是在某颗巨大的恒星爆炸后）形成了一个圆盘，一个年轻而炽热的太阳在其中心闪耀。其余一些在宇宙空间循环的物质，由于不断运动，开始聚集在一起形成行星。它们是移动的、冒泡的液态熔岩和气体球，且围绕着太阳旋转。

13799000000，
这是我们所记录的宇宙的年龄，也就是将近140亿年。

水星

金星

月球

地球

火星

太阳系大家庭

我们生活在距离太阳最近的第三颗行星上，它不大但很漂亮，像一个蓝色的珠子串在项链上，宁静而美丽，很难相信它曾经看起来像一锅煮沸的番茄汤。

太阳系中距离太阳最近的行星是**水星**。它很小，以至于没有自己的大气层。水星离太阳很近，因此它总是隐藏在太阳的光芒中，让我们很难观测到它。一年中只有在很少的时间，能在日落之后或日出之前看见它。在太阳的近距离照射下，水星的温度一面高达400℃，而另一面却又冷又黑。

金星在中国古代被称为"太白金星"，它会在清晨出现在东方天空，因此也被称为"启明星"。有人认为金星是"地球的双胞胎"，因为它与地球具有相似的质量、化学成分和大小。金星不适合人类生存，它被一层厚厚的硫酸云包裹着，表面都是火山和熔岩，那里酷热难耐，经常下酸雨、刮有毒的狂风，人类根本不可能住在金星上……

从太阳往外的第三颗行星是我们的家园——**地球**。它的大气中充满了氧气，大部分表面被充满生机的水域所覆盖，虽然偶尔会有火山喷发或地震，但它仍然是一个漂亮而不错的家园，很适合动植物生存。地球是我们的家园，我们应该爱护它。可是，人类在这方面做得并不好，现在有许多自然灾害的发生都是因为人类的过错而造成的。

事实上，行星之间的距离与这张图片上显示的完全不同。尽管图片中各行星之间的大小比例是比较适当的，但距离的比例却完全不一样。因为行星之间的距离要远远大于它们的半径，如果要用图片显示各行星的大小和距离，那这张图将变得很大，而行星只能画得很小。

木星

土星

天王星

海王星

离地球不远有一个小小的亮点，那是地球的伴星 —— **月球**。我们可以说月球是地球的孩子，它诞生在地球还很年轻的时候。由于小行星或其他天体的强烈撞击，地球的一块碎片脱落并被抛入其轨道，那就是月球。现在月球绕着地球转，并照亮了夜空。人们是怎么知道月球是从地球上分离出来的呢？那是因为月球的化学成分与地球相同。

火星在第四条轨道上运行。它有点像地球，但不宜生存。它被沙漠、巨大的火山、山谷和两极巨大的极地冰川所覆盖。科学家推测火星上可能存在生命，因为他们发现火星上有水，其表面有河床、湖泊和海洋的痕迹。伴随火星的是它的两个小卫星：火卫二和火卫一。

当我们穿过小行星带后，我们将到达太阳系的第五颗行星 —— **木星**。不要试图着陆在木星上面，因为它是一颗气态行星，主要由氢和氦组成。第六颗行星是**土星**，它是一颗气态巨行星。它的大小是地球的9倍，但是重量却轻到可以漂浮在水面上。土星周围环绕着九圈由冰、岩石和宇宙尘埃组成的环，这使它看起来很神奇！此外，土星有82颗卫星。

第七和第八轨道被两个气态巨行星占据：**天王星**和**海王星**。天王星主要由冷冻气体组成，因此也被称为"冰巨星"。蓝色的海王星在太阳系的最边缘运行，它的周围环绕着3个行星环和14颗卫星。

暴躁的地球

（46亿~35亿年前）

46亿年前地球是什么样子？嗯，那时它并不是一个适合居住的地方。当时的地球非常年轻，它刚从一团宇宙尘埃中升起，充满了能量，因此，到处都在沸腾、翻滚、颤抖和爆炸。此外，它还承受着陨石和小行星的不断轰炸。总之，**一切都在可怕的混乱中。**

不过，这种混乱没有永远持续下去。1.5亿年后，地球稳定了，它开始平静、冷却，并在表面形成了一层薄薄的外壳。此时，地球想休息了，但却不能。因为它脆弱的外壳被小行星撞破，内部的水大量流到表面，于是形成了第一批海洋。

天空乌云密布，地球仍在冷却。然而，这里什么都不能生存——因为大气有毒、空气中没有氧气，并且到处火山肆虐。地球这颗年轻的星球还需要继续释放出巨大的能量。

在接下来的页面中，你将在页面左侧找到我们标注的**时间段。**请仔细观察，看看地球需要多长时间才能成为一个宜居的地方？

陨石是从宇宙空间坠落到星球上的天然固体碎块。有一门研究陨石的学科叫"**陨石学**"。

大地在颤抖，陨石和小行星不断撞击着地面，云层倾泻着酸雨，地球上风暴肆虐、酷热难耐。所有的水都是滚烫的，海底的水也在冒泡。来自地壳下面的熔岩水通过海底的火山锥和裂缝不断涌出，这些水是酸性的、炙热的。这种现象今天在大洋深处还存在，科学家称之为"海底黑烟囱"。

在这时的地球上，海底和地表一样，没有任何生命存在。

但最终，会有一些令人惊叹的事情开始发生，敬请期待吧！

13

第一个生命

（约35亿年前）

大约在35亿年前的地球上，在滚烫而黑暗的深渊中，一个神秘的东西出现了。**这是第一个活细胞！**它很小、很无助，但生命力很强！

古人认为，生命是由神灵创造的，这种观点持续了很长时间。然而，今天科学家们提出了关于生命起源的各种假设。有人认为生命来自太空，如同宇宙尘埃一样，是来自天空的碎片。也有人认为生命是由元素之间的化学反应和有机化合物的形成而产生的。没有人知道生命究竟是怎么来的？但大约在35亿年前，在海洋中的某个地方，细胞开始繁殖，**生命诞生了！**

谁把地球变蓝了

（约30亿年前）

最早出现的细胞不需要氧气就可以生存和发育，但大约在32亿年前，产氧细菌出现了，它能够产生氧气！所有的一切从那时起发生了改变。

蓝藻是地球上的第一种生物。它们开始繁殖并形成巨大的集群，称为蓝藻垫。它们学会了利用太阳、大气中的气体和水，因此它们的数量越来越多，最终它们占领了整个地球。直到今天，我们在世界上很多地方都可以看到叠层石，它们就是地球上第一批居民——藻类的遗骸所形成的化石。

蓝藻虽然很小，但数量非常非常多，因此，**它们改变了地球的外貌。**海水被蓝色和绿色覆盖，罕见的陆地被红色（来自氧化铁）所覆盖。

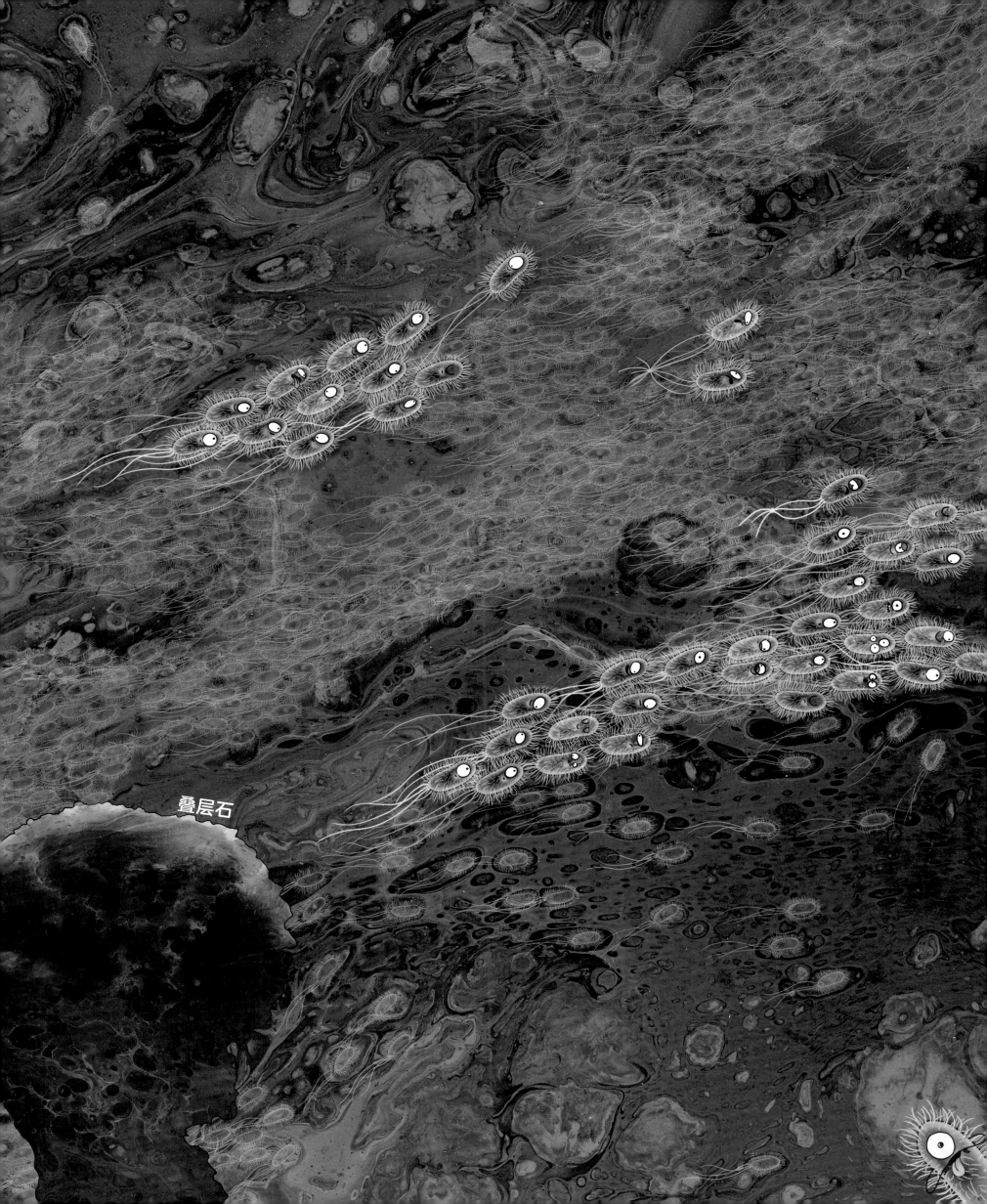

叠层石

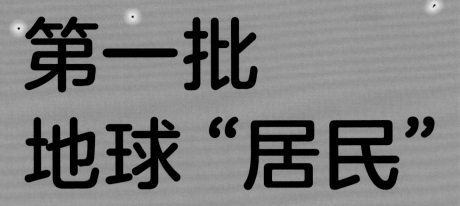

第一批
地球"居民"

（20亿~15亿年前）

蓝藻在地球上是单独存活的吗？当然不是，但它们"统治"了地球很长时间，建立了庞大的族群，并生产了大量的氧气。

与此同时，其他细胞也没有闲着。由于氧气的作用，各种有机体都发生了变形，它们繁殖和发育，呈现出各种形状，并获得了新的能力——它们变得越来越完美。此时，一些有机体仍然和以前一样单独存活，另一些（比如蓝藻）则生长并形成菌落。一些细菌开始相互合作、相互渗透，它们变得越来越复杂、越来越好，并且能更好地生存和适应环境。

这就是第一批原生动物、藻类和多细胞生物的形成过程。当然，它们并没有就此停滞——它们仍在持续发展、进化和适应。

原生动物是微小的、自由生活的单细胞生物。它们大多数生活在海洋和淡水中，但也有一些生活在土壤中或我们体内！

19

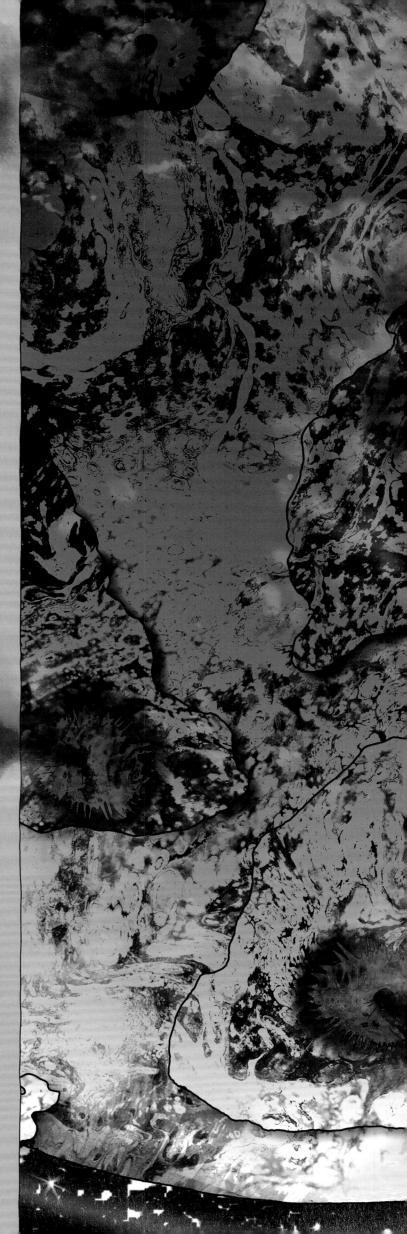

新的大陆
新的海洋

（13亿~6.35亿年前）

当生命在地球上诞生时，地球自身有什么变化呢？答案是——地球也在进行变革。

我们不确定地球当时的样子，但当时地球表面有可能只有一块陆地——罗迪尼亚超大陆。它被米洛维亚洋环绕着，并保持这种状态约4亿年。后来，巨大的陆地被分割成小块，世界地图也彻底改变。**新的大陆和新的海洋诞生了。**

此后，**地球开始冰冻。** 这种冰冻是覆盖了整个地球，还是大部分？目前尚不清楚，对此科学界存在着激烈的争议。我们知道，此前蓝藻产生的大量氧气已经取代了可以吸收太阳热量的温室气体，再加上10亿年前的太阳发热远远低于现在。因此，地球变得非常寒冷。但这种寒冷并没有持续下去，因为地球上还存在着频繁的火山活动。火山喷发时会将大量炙热的气体喷射到空气中，帮助冰冻的地球再次变暖。

你认为这就是地壳变化的结束吗？不，这只是开始！此后陆地继续移动，新的海洋不断形成。我们如今生活的大陆还需要很长时间才能出现。地球一直都在不断变化，即使是此刻，当你正在阅读这本书时，大陆也在轻微地移动。

13亿~6.35亿年前

约5.7亿年前
地球历史的88.5%已经过去了

环轮水母

查恩盘虫

鞭毛虫

帕维斯科帕

狄更逊水母

斯普里格蠕虫

克劳德管虫

远古生物之谜

（约5.7亿年前）

在漫长的地球发展史中，人类所占的时间非常少，以至于在我们的时间标尺上几乎看不到它。**地球的大部分历史处于人类还没有诞生的历史阶段。**

让我们回到细胞这个话题。从35亿年前诞生以来，细胞有足够的时间去进化出新的形状和技能。此外，研究人员还不确定现在已发现的早期生物化石是动物还是植物。它们看起来很奇怪：像蠕虫、绗缝羽绒被、枕头、羽毛或杯子。这样的化石非常稀少，我们现在很难见到，因为那些早期的生物身体柔软、没有甲壳，它们的"尸体"很难保存下来。我们不知道那些生物是灭绝了还是进化成了其他的生物体。总之，人类知道的还很不够。

也许有一天，我们能了解这些生物的来龙去脉。

进化是生物体的各种特征在世世代代中的变化。因此，当我们说一些生物"进化"的时候，就是说它们在世代改变和发展——变得越来越完美。

这种古怪的生物是一种缓步动物。它非常小，大约只有1毫米长，而且它喜欢喝水。当它慢慢地游过水草时，也许你可以透过放大镜看到它。缓步动物大约出现在7亿年前，如今它仍旧生活在地球上。像缓步动物这样的生物，现在被称为**"活化石"**。你将在书中了解到更多像缓步动物这样具有"活化石"特征的生物。这些植物和动物进化得很好，因此才能在地球上若干次的生命危机和大规模灭绝中幸存下来。

生命大爆发

（5.7亿~5.1亿年前）寒武纪

现在正处于古生代，更准确地说，是处于古生代的第一个时期：寒武纪。地球上仍然很冷，但温度和水位都上升了，还有了更多的氧气，因此各种生命以前所未有的速度蓬勃发展，海洋中充满了神奇的生物。

这些生物看起来完全不像我们已知的动物。如果现在见到它们，可能会把它们视为怪物！毕竟我们很难描述那种长着五只眼睛和蛇形身躯的动物，它看起来很危险、很奇怪，且体形很小，最长不过7厘米。那就是欧巴宾海蝎，它会用一个奇怪的长鼻子把软软的食物放进嘴里。

你看到这个在海底爬行的奇怪生物了吗？这是华夏鳗，它是第一批脊索动物，也可能是脊椎动物（包括人类）的祖先。埋在沙子附近的蛤蜊状生物是腕足动物——它们的后代存活至今，且仍然以过滤水的方式获取食物。再看看三叶虫——它们看起来像小坦克。海绵和第一批珊瑚也出现了。这种看起来像野兽的是奇虾，它是最早的捕食者之一。危险掠食者的出现让一场真正的军事竞赛开始了：**生物们开始进化出坚硬的"盔甲"和骨骼**来保护自己。这样，它们可以变得更强大，行动更敏捷、更迅速。这是生物进化过程中的一个突破！

这一时期的化石很多，古生物学家一直在通过化石寻找新的物种。这种方式很有趣，我们从身边普通的鹅卵石或砾石中都可能发现小贝壳或小生物留下的印记，也许它们并不是来自5亿年前，但它们也是一种不寻常的生命记忆。

欧巴宾海蝎

三叶虫

华夏鳗

珊瑚

奇虾

海绵

海百合

脊索动物指的是在它们生命周期的某个时期有脊索、背神经管和腮裂的动物，脊索是动物身体内部的支柱。**人类是脊索动物。**

那什么是脊椎动物呢？

脊椎动物是指有脊髓骨的动物。一般形体左右对称，全身分为头、躯干、尾三部分。**人类也是脊椎动物。**

怪诞虫

腕足动物

奥特瓦

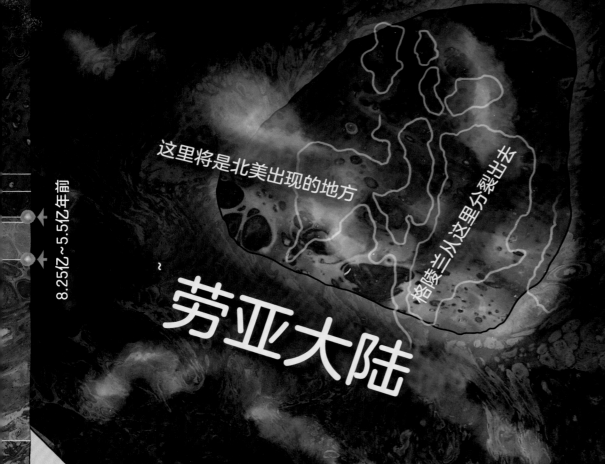

西伯利亚

这里将是北美出现的地方

格陵兰从这里分裂出去

劳亚大陆

这里是西伯利亚，它将成为亚洲的一部分

寻找大陆的起源

（8.25亿~5.5亿年前）

当地球上的生命在不断进化时，**地球自身也没有休息——它一直在缓慢地变化。**

罗迪尼亚超大陆开始解体，它被分成许多部分。其中最大的一块是冈瓦纳大陆，它位于地球南极附近；波罗的、西伯利亚和劳亚大陆比它小很多，它们都向赤道移动。地球的水位上升，现在是历史上的最高水位，大陆被洪水淹没了。

大陆板块在不断移动，它们相互挤压、碰撞，形成了许多山体和岛屿，有很多至今仍然存在。比如美国的阿巴拉契亚山脉、波兰的圣十字山，以及欧洲的不列颠群岛、北美洲的格陵兰岛。

当时的地球看起来和今天完全不同，经历过漫长的岁月后，地球将会变成我们今天在世界地图上所见的样子。

26

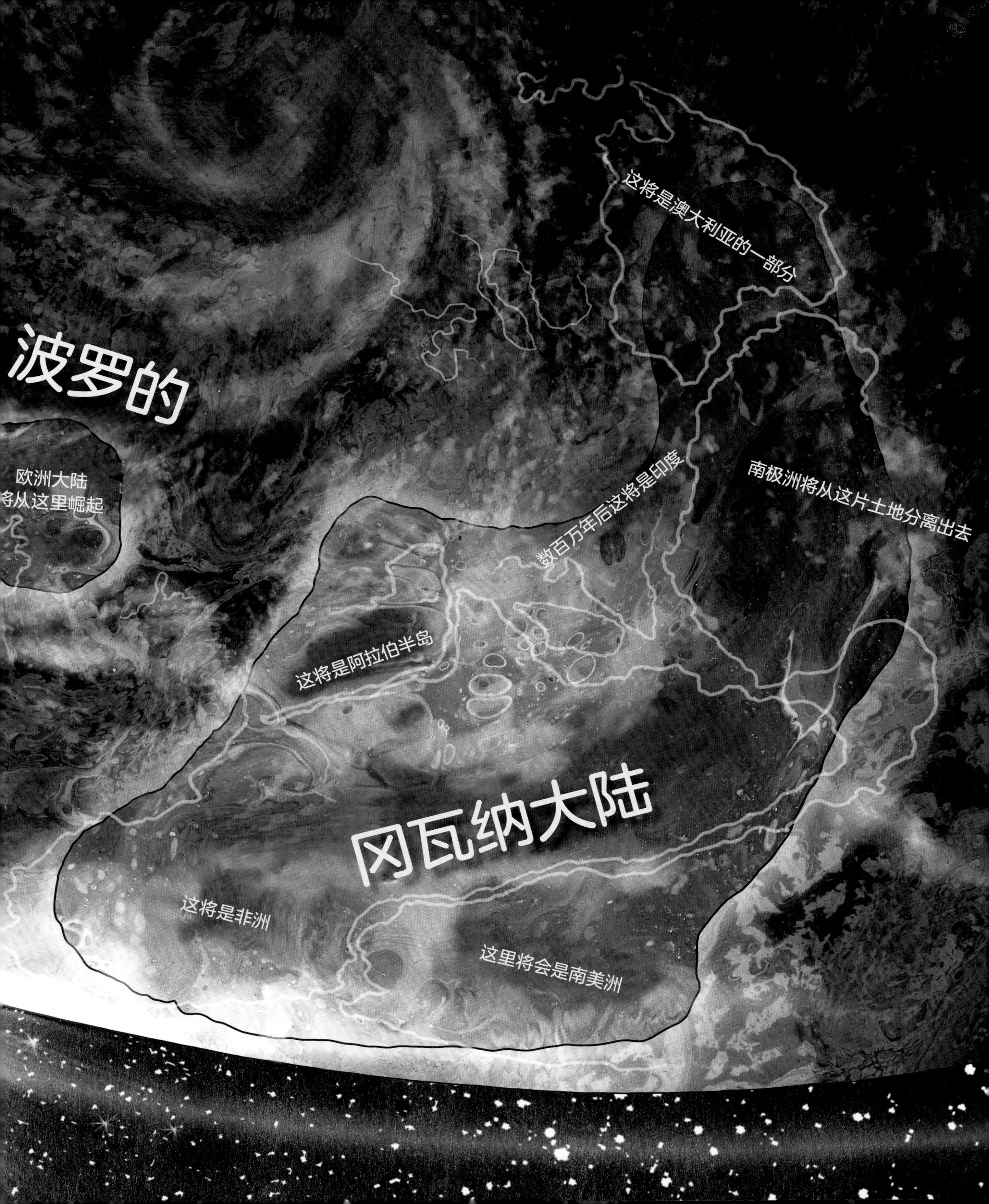

波罗的

欧洲大陆
将从这里崛起

这将是澳大利亚的一部分

南极洲将从这片土地分离出去

数百万年后这将是印度

这将是阿拉伯半岛

冈瓦纳大陆

这将是非洲

这里将会是南美洲

直壳鹦鹉螺

海蛇尾

三叶虫

板足鲎

海绵

海星

珊瑚

海百合

热闹的海洋

（5.1亿~4.39亿年前）志留纪

大陆持续漂移，大自然不知疲倦地验证着它还能做什么。**三叶虫仍然是海洋中的王者，**大多数三叶虫都很小，但也有大的，目前发现最大的三叶虫大约有72厘米长，那就是霸王等称虫。三叶虫的适应能力很强，它们能根据需要迅速改变，也就是说，它们进化了。

在奥陶纪，三叶虫的数量很多，因此留下了很多化石，地质学家可以根据那些化石推测它们生存的年代。除了三叶虫以外，海绵和珊瑚也开始大量繁殖，**地球历史上第一次出现了珊瑚礁。**

珊瑚礁为海胆、海星、海蛇尾和漂亮的海百合提供了庇护所。海百合看起来像花朵，但它其实是动物。其中有一种小型的、类似甲胄鱼的动物，它们在靠近大海的底部游动，靠过滤海水获得食物。

奥陶纪有很多大体型的肉食动物。比如身长6~10米的直壳鹦鹉螺，身躯长达2.5米、长得像巨型蝎子一样的板足鲎（hòu）。你知道吗？我们现在常见的八爪鱼、鱿鱼、墨鱼以及现存的鹦鹉螺都是由当时的鹦鹉螺衍生出来的。

第一次生物大灭绝

（约4.4亿年前）

不幸的是，在4.4亿年前的奥陶纪末期，一切都变了。**大部分生物从地球上消失了，只有少数存活下来。** 三叶虫也是如此，它们几乎完全灭绝。许多同期的其他生物也同样消失了，只剩下一些化石。

但是别担心，**这些生物很快就会复苏，** 并将在地球上存活很长一段时间。

造成这次生物大灭绝的原因是什么呢？一些科学家推测是火山的原因；也有研究者认为是地球附近的一颗恒星爆炸导致地球的臭氧层被破坏，让地球上的生命因受到宇宙射线的伤害而灭绝。

也有可能这些灾难同时发生？没有人知道确切的原因。毕竟，那是4亿多年前的事情了。我们只知道，地球的气温再次骤降，各大洲仍然没有稳定下来。

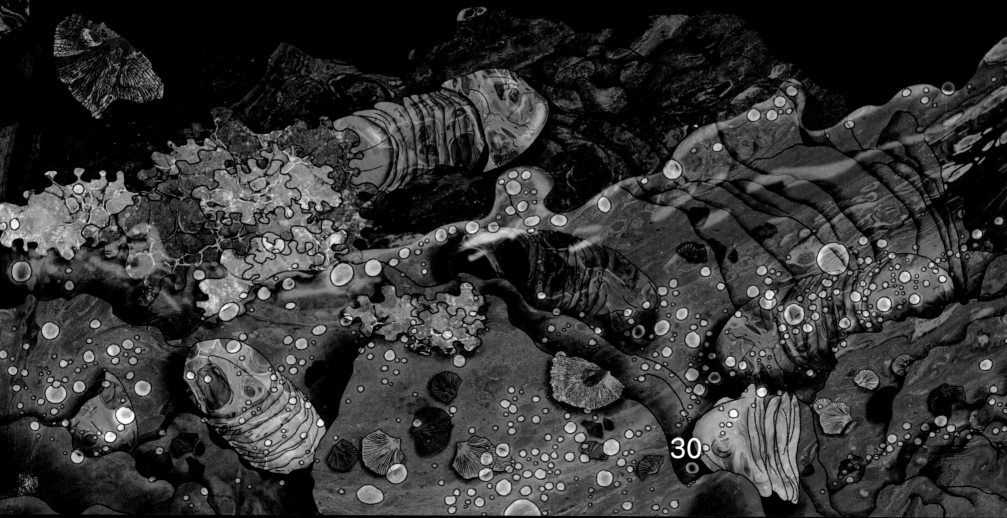

菊石

邓氏鱼

鲨鱼

壳鹦鹉螺

三叶虫

石松类

提塔利克鱼

充满生机的土地

（4.09亿~3.62亿年前）泥盆纪

现在让我们从海洋深处转移到陆地。海洋是危险的，毕竟那里居住着大牙齿的肉食动物。**地球显露地貌，山脉已经遍布全球。** 不过在接下来的数百万年中，这些山脉将被侵蚀摧毁并逐渐变平坦，但在后续的地壳变化中，它们将再次升起，最终成为我们今天所看到的样子。

在泥盆纪，陆地对动物来说生存条件更好。这也许就是为什么当时的生物决定从海洋"移民"到陆地的原因。这一时期很多生物具备了两栖动物的特征。来，让我们认识一下提塔利克鱼，它虽然具有鱼的外形，但却是两栖动物。很快，棘螈和鱼石螈也出现了，它们在沿岸的芦苇丛中生活。这些动物都和今天的两栖动物一样能够通过皮肤和肺呼吸。

在动物进化的同时，植物也没有停歇。

在过去的几百万年里，植物学会了举起枝丫和树叶。泥盆纪的陆地上长满了石松类植物和蕨类植物，它们的根覆满土地，构成了真正的森林。如果你俯身在嫩枝之间观察，你会发现远古的蜘蛛、螨虫以及其他小生物，它们比脊椎动物更早地学会了在陆地上生活。

不幸的是，这个奇特的世界也即将永远改变。在泥盆纪结束时，发生了地球史上第二次生物大灭绝。陆地上第一批陆生植物——裸蕨类植物完全消失。蕨类植物是历史上第一个生产种子的植物。尽管许多海洋生物也将再次灭绝，但全新的海洋生物会取而代之。这片土地将因生命的多样性而令人惊叹不已。

37

煤从何处来

（3.62亿~2.90亿年前）石炭纪

欢迎来到石炭纪！你知道"石炭纪"这个名字是怎么来的吗？"炭"这个词的意思是煤炭。坚硬的煤层是由当时覆盖土地的大量植物碎片形成的。这就是为什么地球历史上的这一时期被称为石炭纪。

在海水和淡水中，各种生命此起彼伏。珊瑚礁扩大了，海洋生物也随之繁荣。腕足类动物、海百合和海胆不断进化；鲨鱼家族正处于鼎盛时期；三叶虫之类的生物数量减少，它们逐渐被崭新的生物所替代。**塔利怪物就是其中的一种新生物，**它的体型很小（不超过35厘米长），样子看起来十分奇特，目前的研究还不能确认它属于哪一类动物。

与此同时，陆地上也有很多值得欣赏的地方。陆地被茂密的森林所覆盖，森林中生长着茂密的蕨类植物，麻尾草属、石松属和科达属植物，针叶类植物也将出现。在这个绿色天堂里，各种昆虫和蛛形动物生长良好。它们的体形大多与现存的同类差不多，但也有特别巨大的，比如长达30厘米的千足虫和蝎子；类似巨型蜘蛛的蛛鲎。第一批飞虫也出现了，它们也有自己的巨型代表：半米长的巨尾蜻蜓。在落叶或树皮下，我们还可能会遇到今天蟑螂的巨型祖先。

它们最有趣的是两栖动物。它们的身体在不断变化，虽然速度很慢，但也逐渐适应了陆地上的生活。它们是迷齿亚纲，最早的爬行动物就是由它进化而来的。杯龙类动物，第一批类似哺乳动物的爬行动物。现在有些动物已经获得了一项**全新且非常有用的技能：产卵！**这无疑是一项突破性的成就，从此，繁殖不再需要水，动物们可以在远离水体的陆地上产卵繁殖了。

石松类

你肯定知道松树长什么样，但不一定知道什么是苏铁？苏铁看起来有点像棕榈树，不过它并不属于棕榈科。苏铁其实就是一种很常见的绿植——铁树。你知道吗，它或许是恐龙的主要美食之一呢？

巨尾蜻蜓

两栖动物

蟑螂

两栖动物

根齿鱼

科达树

蕨类植物

麻尾草

千足虫（多足虫）

迷齿亚纲

蝎子

蛛鲎

科达树是开花植物，它们不结果子，只有球花。科达树没有幸存到我们这个时代，它们在大约2.5亿年前就从地球上消失了。

两栖动物

塔利怪物

叶鳍鱼

异齿龙

杯鼻龙

中龙

蹠足兽

苏铁

中龙可能是第一个重新适应水生环境的生物。

水龙兽

盾甲龙

笠头螈

双齿兽

冠鳄兽

丽齿兽

第三次生物大灭绝

这是银杏叶。虽然银杏科在目前只剩下一个品种，但在二叠纪银杏科是一个非常庞大的家族。

（2.90亿~2.50亿年前）二叠纪

二叠纪是古生代的最后一个时期。 这一时期的海水被大量蒸发，留下岩盐沉积物，现代的许多盐矿在这个时期还是一片海（比如波兰的克沃达瓦盐矿）。二叠纪的地球仍旧动荡不安：火山常常肆虐，大量的灰烬从火山坑中冒出。

巨大的麻尾草属、石松属和蕨类植物正在消失，因为这一时期的地球环境对于它们来说太干了。科达属植物也消失了，它们已被针叶植物、苏铁和银杏所取代。这些植物开始产生种子了，这一进化可以使植物的繁殖存活率更高：因为种子可以等待条件合适之后再生根发芽。

如果我们在二叠纪的森林里散步，可能会遇到**异齿龙**和奇怪的蜥蜴。异齿龙属于类似哺乳动物的爬行动物，它还不是恐龙，因为恐龙要4000万年后才会出现。异齿龙最明显的特征是背部的高大背帆，它为什么需要这样一个奇怪的背帆呢？是要用这个"大帆"来调节体温的吗（就像今天大象用耳朵扇风来调节体温一样）？或者，是要用它的颜色变化来对外示警？很遗憾，准确的答案我们目前还无从知晓。

看到这个强大的食草动物了吗？它是**杯鼻龙**，它可能是当时体形最大的动物之一。杯鼻龙是冷血动物，它依靠照射太阳光来调节体温。

看，一些**丽齿兽**潜伏在灌木丛中——它们也是爬行动物，不过看起来有点像吓人。丽齿兽的身形不是很大，有强大的獠牙。图片中的丽齿兽正在观察冠鳄兽，它们大概是有点饿了，也许正在想这些恐头兽是否值得猎杀。恐头兽构成了一个庞大的爬行动物家族，有肉食动物也有杂食动物，古生物学家推测恐头兽可能是恒温动物。这意味着它们不依赖于环境温度，因此，它们比没有此功能的爬行动物更能适应不断变化的环境。

不幸的是，在二叠纪末期，发生了二叠纪大灭绝。三叶虫、盾皮鱼以及一些珊瑚永远消失了。究竟发生了什么，使地球上 96% 的动物消失了呢？

银杏

空尾蜥

41

大陆在迁移

(约2.52亿年前)

约2.52亿年前，所有的物种都在为了适应环境而努力进化，因为地球发生了变化。

人们是怎么知道几亿年前的这些事情呢？19世纪，由于航海技术的发展、地理的发现和制图师的艰辛工作，使得地图变得越来越准确。就在那时，学者们注意到，相距数千公里的陆地海岸线，就像两块相邻的拼图一样适合对方。在两边的海岸上发现了相同类型的岩石和相同的化石 —— **这就是大陆漂移说的起源。**

数百万年来，陆地一直在漂移，以寻找适合自己的地方。现在它们相遇并重新融合在一起，形成了一个巨大的超大陆：泛大陆。这种变化是好还是不好？这在2.5亿年后的今天很难判断。

> 科学家们认为，**沧龙**的化石残骸充分证明了大陆的漂移，因为这些爬行动物的化石是分别在美洲和非洲的海岸上发现的。

不过，对于当时的各种生物来说，大陆的移动和组合并不是一件好事。因为当陆地汇合时，海岸周围的浅水区就消失了，那使几乎90%居住在这里的水生物消亡了。

也许气候也因大陆漂移而发生了变化：它变得非常干燥。肆虐的火山将大量灰烬和有毒气体释放到大气中。在波兰西南部的卡茨巴赫山脉，被森林覆盖的山丘内部隐藏着岩浆冷却后形成的岩体，从中我们可以看到当时火山喷发的遗迹。今天很难想象这个宁静的地方曾经流淌着沸腾的、滚烫的熔岩。 .

酸雨遍及地球，火灾爆发。空气中飘浮着大量的火山灰，这让太阳光无法照射到地球表面，造成地球温度下降。大概在那个时候，一颗巨大的陨石也撞击了地球，这让地球上的生存条件更加艰难。所有这一切导致巨大的桫椤 (sūo luó)、石松和马尾草从自然界中暂时消失了。此外，超过一半的两栖动物、爬行动物，以及大量的昆虫因无法适应环境的变化而永远消失了。

不管环境怎样变化，生活终究还是要继续。生物们经过环境的考验和进化，终将走得更远。

这些二齿兽就是**利索维斯兽**，之所以如此命名，是因为它们的骨头是在波兰的一个叫利索维斯的地方发现的。在那附近还发现了它们的捕食者——瓦维尔龙的化石，因为在瓦维尔龙的粪便化石中发现了二齿兽的骨头。

真双齿翼龙

板龙

利索维斯兽

兔鳄

虾蟆螈

水龙兽

乳齿龙

长鳞龙

犬颌兽

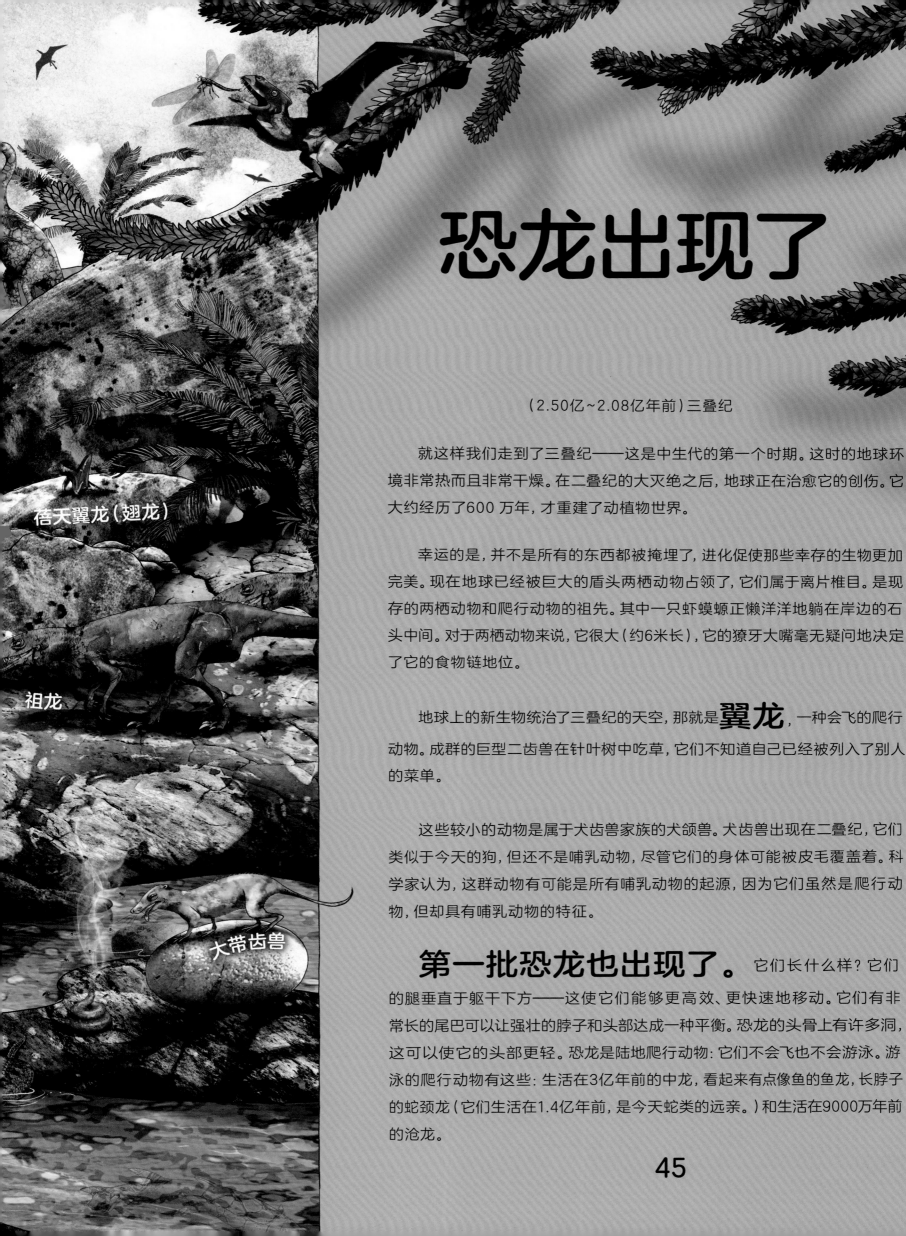

蓓天翼龙（翅龙）

祖龙

大带齿兽

恐龙出现了

（2.50亿~2.08亿年前）三叠纪

就这样我们走到了三叠纪——这是中生代的第一个时期。这时的地球环境非常热而且非常干燥。在二叠纪的大灭绝之后，地球正在治愈它的创伤。它大约经历了600万年，才重建了动植物世界。

幸运的是，并不是所有的东西都被掩埋了，进化促使那些幸存的生物更加完美。现在地球已经被巨大的盾头两栖动物占领了，它们属于离片椎目。是现存的两栖动物和爬行动物的祖先。其中一只虾蟆螈正懒洋洋地躺在岸边的石头中间。对于两栖动物来说，它很大（约6米长），它的獠牙大嘴毫无疑问地决定了它的食物链地位。

地球上的新生物统治了三叠纪的天空，那就是**翼龙**，一种会飞的爬行动物。成群的巨型二齿兽在针叶树中吃草，它们不知道自己已经被列入了别人的菜单。

这些较小的动物是属于犬齿兽家族的犬颌兽。犬齿兽出现在二叠纪，它们类似于今天的狗，但还不是哺乳动物，尽管它们的身体可能被皮毛覆盖着。科学家认为，这群动物有可能是所有哺乳动物的起源，因为它们虽然是爬行动物，但却具有哺乳动物的特征。

第一批恐龙也出现了。它们长什么样？它们的腿垂直于躯干下方——这使它们能够更高效、更快速地移动。它们有非常长的尾巴可以让强壮的脖子和头部达成一种平衡。恐龙的头骨上有许多洞，这可以使它的头部更轻。恐龙是陆地爬行动物：它们不会飞也不会游泳。游泳的爬行动物有这些：生活在3亿年前的中龙，看起来有点像鱼的鱼龙，长脖子的蛇颈龙（它们生活在1.4亿年前，是今天蛇类的远亲。）和生活在9000万年前的沧龙。

欢迎来到侏罗纪

（2.08亿~1.35亿年前）侏罗纪

想象一下，侏罗纪的黎明时分，在被晨雾笼罩的丛林中矗立着一座座小山丘……嘿！这些根本不是小山丘，而是巨型食草恐龙的背脊！在树林间进食的是腕龙，它们扯下叶子并整个吞下，不必咀嚼，因为它们的胃里有石头，可以把食物磨碎。

侏罗纪是恐龙的时代。 地球上到处都是掠食性兽脚类恐龙和食植性蜥脚类恐龙，可以说，它们占领了整个地球。陆地上、水里、空中……恐龙无处不在，它们有的像山一样大，有的像如今的蜥蜴一样小。侏罗纪的恐龙也在不断发生变化，它们有些会灭亡，有些会进化。

不过，侏罗纪并不只有恐龙值得关注，还有……第一种哺乳动物出现了，它们是犬齿兽的后代，体形很小，大概只有猫或老鼠那么大，小巧灵活的身躯使得它们更容易适应不断变化的生存环境。

侏罗纪的原始森林很美，但可能会有点吓人，因为不时会有动物的咆哮声和昆虫扇动翅膀的沙沙声。没有鸟鸣声，因为当时鸟类还没有出现。不过，我们可以先寻找始祖鸟。始祖鸟出现在侏罗纪末期，它与掠食性兽脚类恐龙有很多共同之处，但它也具有现代鸟类的

特征，例如羽毛。中国学者在辽西发现了带羽毛的恐龙化石，将其命名为中华龙鸟，这进一步证实了恐龙可能是今天鸟类的祖先。

腕龙

始祖鸟

锯齿虎（似剑齿虎）

大角鹿

星尾兽

冰河世纪来了

（248万~1.2万年前）第四纪更新世

经过数百万年温暖丰沛的岁月，大冰期——**冰河世纪**终于来了。气候变得非常寒冷，最终我们星球的一部分冻结了。巨大的冰川覆盖了所有土地。

生命不得不再次改变。植物为了保护自己免受强风和严寒，扎根于地下。而在较温暖的地区则生长着深色的针叶林。

动物们再次变得巨大。

陆地上到处都是巨型动物：巨大的、覆盖着浓密毛皮的猛犸象、长毛犀牛、大角鹿和麝牛。食草动物长得这么大，当然也会有强大的肉食动物。看，身形硕大的老虎和熊就潜伏在雪堆和冰川中呢！

59

猛犸象

原牛

狼

超级肉食动物

就在这时候……

超级肉食动物出现了。

他们从那时起，开始改变世界。

但……

这将会是另一段历史。

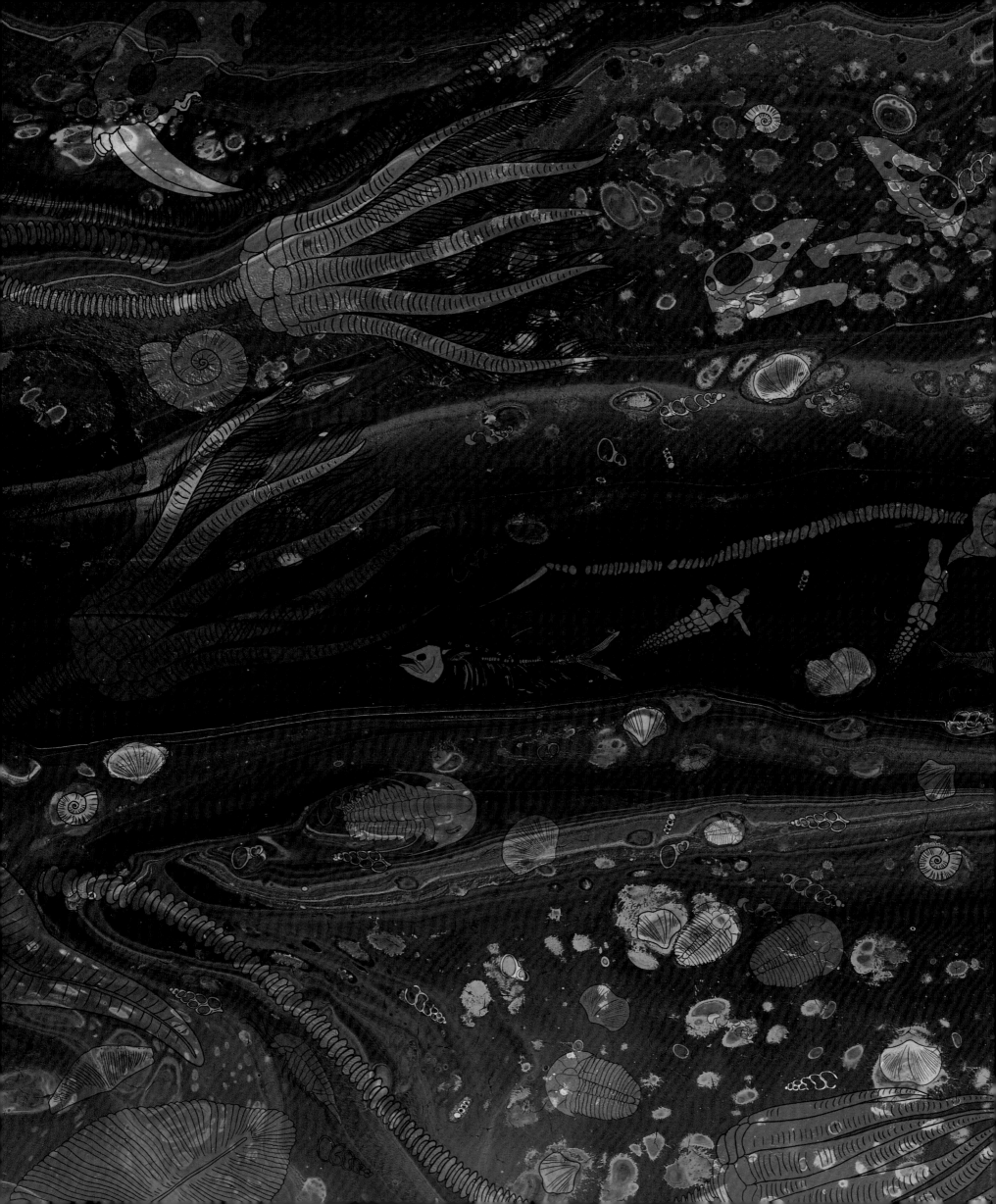